MÉMOIRE

SUR

L'UTILITÉ DE LA BOTANIQUE

ET

DES EXERCICES MICROSCOPIQUES

AUX POINTS DE VUE

De la Toxicologie, de la Médecine Légale, de la Matière Médicale, de la Pathologie
et des Falsifications des Denrées alimentaires et commerciales

PAR

L. GARREAU

Expert-Chimiste,

Pharmacien de première Classe, Docteur en Médecine, Docteur ès-Sciences naturelles,
Officier d'Académie, Professeur de Toxicologie et de Pharmacie
à l'École préparatoire de Lille,
Ancien Professeur de Matière médicale et Pharmacie, Major chef à l'hôpital militaire
d'Instruction de Lille, Membre de la Société impériale des Sciences,
de l'Agriculture et des Arts, du Comice agricole de la même ville, du Conseil
central de Salubrité du Nord,
et de plusieurs autres Sociétés ou Commissions d'utilité publique.

MONTPELLIER

TYPOGRAPHIE DE BOEHM ET FILS, PLACE DE L'OBSERVATOIRE

1860

MÉMOIRE

SUR

L'UTILITÉ DE LA BOTANIQUE

ET

DES EXERCICES MICROSCOPIQUES

AUX POINTS DE VUE

De la Toxicologie, de la Médecine Légale, de la Matière Médicale, de la Pathologie et des Falsifications des Denrées alimentaires et commerciales

PAR

L. GARREAU

Expert-Chimiste,
Pharmacien de première Classe, Docteur en Médecine, Docteur ès-Sciences naturelles,
Officier d'Académie, Professeur de Toxicologie et de Pharmacie
à l'École préparatoire de Lille,
Ancien Professeur de Matière médicale et Pharmacie, Major chef à l'hôpital militaire
d'Instruction de Lille, Membre de la Société impériale des Sciences,
de l'Agriculture et des Arts, du Comice agricole de la même ville, du Conseil
central de Salubrité du Nord,
et de plusieurs autres Sociétés ou Commissions d'utilité publique.

MONTPELLIER

TYPOGRAPHIE DE BOEHM ET FILS, PLACE DE L'OBSERVATOIRE

1860

2/452

Ⓒ

DE L'UTILITÉ

DE

LA BOTANIQUE

ET DES EXERCICES MICROSCOPIQUES

AUX POINTS DE VUE

De la Matière Médicale, de la Toxicologie, de la Médecine Légale, de la Pathologie
et des Falsifications des Denrées alimentaires et commerciales.

———— ꝯⲟⲈⲟꝯ ————

Si la Chimie constitue l'une des bases les plus solides des études pharmaceutiques, il semble, à en juger par le nombre prodigieux de savants et de praticiens illustres issus jadis et qui s'élèvent encore chaque jour des officines au rang des chimistes les plus distingués, que de tout temps cette science a été considérée comme la seule éminemment utile au point de vue pratique. Sortie, en effet, des mains des pharmaciens, il est juste que la science des transmutations matérielles, sur laquelle reposent les applications les plus variées et les plus productives, conserve une certaine prééminence parmi celles que cette corporation est obligée d'acquérir. Mais si la chimie, jadis, entre les mains d'une pléiade de savants pharmaciens, tels que Glauber, Geoffroi, Wenzel, Scheele, Klaproth, Margraff, Chaptal, Vauquelin, Robiquet, Sertuerner,

Pelletier, Brugnatelli, Baumé, Serullas, Braconnot, Quevenne, etc.,
et, de nos jours, entre celles de Dumas, Liébig, Balard, Girardin,
Persooz, Bussy, Millon, Poggiale, Langlois, etc., a grandi et fait
briller encore l'auréole de la pharmacie, n'est-il pas à craindre,
d'après les tendances actuelles, que la science et l'art du pharmacien faiblissent et ne maintiennent plus leur niveau si glorieu-
sement acquis?

Aujourd'hui, les produits chimiques, les drogues simples, les
préparations officinales, les préparations magistrales, les spéciali-
tés, les remèdes secrets, affluent dans les officines, sans que certains pharmaciens se soucient d'en contrôler la qualité ou d'en déterminer la nature; le commerce et les charlatans se chargent de
les préparer tous, et de les écouler, mauvais ou suspects, par la
main du pharmacien, de la même manière que la denrée coloniale
arrive au consommateur par celle de l'épicier, dont la seule préoc-
cupation est de faire du commerce. Ce rôle stérile, dangereux pour
le bien public, rôle qui, fort heureusement, n'est encore joué, aujourd'hui, que par une minorité avide de pharmaciens de bas étage,
peut, dans un avenir prochain, amener la décadence complète de
l'art, et ruiner la corporation qui l'exerce, dans l'estime et la consi-
dération publiques, en étouffant le flambeau de la science sous l'oi-
siveté aidée de l'appât d'intérêts matériels quelquefois déshonnêtes
et toujours mal compris. Cependant, ce que la société recherche
dans un pharmacien, ce n'est pas un marchand de drogues (chacun
peut faire ce métier), mais le praticien capable de l'éclairer, le sa-
vant que son habileté, sa prudence, sa droiture mettent à l'abri de
l'erreur et du reproche. Ces conditions, que l'étude de la chimie,
dont l'importance a toujours été bien comprise, réalise en partie,
exigent, pour être bien remplies, d'autres connaissances qui, quoique faisant partie du programme des études pharmaceutiques, sont,
suivant nous, malheureusement trop négligées, parce que l'on en
ignore généralement l'importance pratique et les effets moralisa-
teurs.

Nous voulons parler de l'histoire naturelle et, plus spécialement, de la botanique et des exercices aux études microscopiques.

Si les connaissances pratiques de la chimie et de la physique sont indispensables au pharmacien, celles des sciences naturelles ne le sont pas moins ; son droguier se compose, en effet, de produits organiques beaucoup plus nombreux et plus fréquemment employés en thérapeutique que ne le sont les substances d'origine minérale ou celles issues des laboratoires de chimie, et, comme ces dernières, elles sont rarement offertes dans le commerce avec leurs qualités et leur nature primitives : comment parvenir à les reconnaître, à juger leur degré de développement et celui de l'élaboration des principes immédiats qui les font rechercher, si la botanique et la zoologie, appliquées à la détermination, aux qualités physiques des espèces utiles, ne viennent en aide à celui qui doit les acquérir et en distribuer l'emploi ? Comment procéder à la récolte des plantes indigènes, si l'on ne s'est exercé de longue main à la botanique rurale par des excursions multipliées, et à la création d'un herbier sous la direction d'un homme pratique ? Comment, enfin, évitera-t-on la substitution d'une partie d'une plante toxique à celle d'une autre qui ne l'est pas, et pourra-t-on porter des secours éclairés ou servir utilement la Justice, si l'on ne peut reconnaître les plantes par quelques-unes de leurs parties ?

Il ne suffit donc pas au pharmacien de savoir reconnaître les organes de telle ou telle plante, il est encore obligé de savoir en déterminer les fragments, puisque toutes leurs parties ne sont pas douées au même degré des propriétés utiles que l'on recherche en elles. Pour faire ressortir l'utilité pratique de ces connaissances, il nous suffira d'exposer quelques-uns des faits que nos fonctions d'expert et notre pratique nous ont appelé à élucider, faits que nous choisissons de préférence parce qu'ils sont, en partie, nouveaux.

1° **Utilité de la Botanique et des exercices microscopiques, pour le choix, la récolte et la détermination des Médicaments.**

Première observation. — Un soldat atteint du ver solitaire (*Tænia Solium*) était traité depuis plus d'un mois, à l'hôpital militaire de Lille, par l'écorce de racine de grenadier, d'après la méthode de Gomez ou de Mérat, et l'on ne put obtenir que l'expulsion de quelques anneaux de cet helminthe. Le médecin nous fit part de son insuccès, qu'il attribuait, avec raison, à la mauvaise qualité de l'écorce employée, ou au manque de soins apportés dans sa préparation. Cette écorce, achetée chez un pharmacien de Lille, qui lui-même la tenait d'un droguiste de cette ville, était considérée par l'un et l'autre des patentés comme irréprochable, quand on nous pria de l'examiner ; ce qui nous permit de faire remarquer que ladite écorce, bien que possédant quelques-uns des caractères de celle de la racine de grenadier, était en partie recouverte de Lichens des genres *Opegrapha et Parmelia*, plantes qui ne peuvent croître que sur l'écorce des tiges ; il y avait eu substitution, et l'emploi d'une seule dose d'écorce de racine suffit pour provoquer l'expulsion immédiate du *tænia*.

Deuxième observation. — Quelques pharmaciens versés dans la connaissance des plantes médicinales empruntent, avec succès, à la Flore rurale des contrées qu'ils habitent, quelques-uns des agents thérapeutiques destinés à approvisionner leurs officines; mais tous ne réussissent pas dans ce genre de récolte, faute de connaissances nécessaires pour l'exécuter. En inspectant une pharmacie à Lille, le directeur de l'officine nous présenta de l'emplâtre de ciguë, qu'il s'estimait heureux d'avoir pu préparer en lui conservant une teinte vert-pré des plus éclatantes. Cette coloration anormale nous ayant suggéré l'idée de lui demander s'il possédait encore de la ciguë qui avait servi à cette préparation, ce pharmacien nous remit les feuilles sèches du *Caucalis daucoïdes*, qui croît abondamment sur les glacis et dans les fossés qui entourent la ville, et qu'il avait récoltées pour de la ciguë.

Troisième observation. — Un pharmacien, attaché à l'hôpital militaire d'instruction de Strasbourg, chargé de la direction de la récolte des plantes rurales, fit recueillir, en 1834, une grande quantité de feuilles de ciguë qui furent transformées en extrait, lequel fut entièrement consommé. En 1835, le même fonctionnaire procéda à une semblable récolte, que le hasard fit tomber sous nos yeux, la voiture qui la transportait l'ayant déposée au laboratoire de chimie où nous étions alors attaché. Curieux de connaître la destination que l'on voulait donner à cette cargaison, que nous reconnaissions comme entièrement formée du *Chærophyllum temulum*, on nous répondit que c'était de la ciguë destinée à la préparation de l'extrait, comme cela s'était fait l'année précédente.

Quatrième observation. — Un ancien pharmacien de Wazemmes, qui cumulait de temps à autre l'exercice de la médecine avec celui de la pharmacie, prescrivit une tisane émolliente de bourrache à la domestique d'une ferme voisine, et lui remit pour cela un paquet de feuilles qu'elle fit infuser. L'amertume du breuvage ayant donné des doutes sur ses qualités bienfaisantes, le fit rejeter aussitôt. La plante infusée nous fut remise ; c'était de la digitale.

Cinquième observation. — Le docteur Lestiboudois, notre honorable et regretté collègue, obligé de recourir à l'emploi de l'ergot du seigle dans un accouchement laborieux, ayant observé que, conjointement aux effets ordinaires de cette substance, il s'était manifesté une crise tétanique périodique, analogue à celle que produit la strychnine, nous pria d'examiner avec soin le médicament dont il s'était servi. L'examen microscopique démontra, avec le tissu cellulaire irrégulier, pénétré de globules huileux qui constituent le mycélium de l'ergot : 1° des cellules polygonales, larges, à parois épaisses et diaphanes, dont la cavité ovalaire contenait une matière jaune ; 2° des cellules piloïdes de 0^{mm} 007 de diamètre latéral, accolées plusieurs ensemble , les unes et les autres caractéristiques de la noix vomique. Il y avait eu mélange des deux poudres.

Sixième observation. — M. Pouchain , cultivateur à Tourcoing , ayant perdu la recette d'un vin médicinal usité dans sa famille comme vermifuge et emménagogue , nous témoigna le désir de connaître la plante qui servait à le préparer, et nous fit remettre , pour arriver à sa détermination , les restes du médicament demeurés pendant des années au fond d'une bouteille. Or, l'examen optique fait sur les débris très-morcelés qui formaient dépôt dans ledit vase , montra avec des fragments dont l'épaisseur, la lobation, etc., se rapportaient aux feuilles de la rue , des glandes composées de cellules irrégulières , situées sous l'épiderme supérieur, disposées en séries papillaires très-légèrement saillantes ; caractères qui , aidés d'un examen comparatif, suffirent pour déterminer les feuilles du *Ruta graveolens* , qui , en effet , était l'unique ingrédient du vin médicamenteux , la recette ayant été retrouvée depuis par ce fermier.

Septième observation. — Un homme de l'art, qui occupait jadis une position relativement élevée, foulait, sur les bords d'une route, les tiges , prêtes à porter fleurs, du *Cynoglossum officinale.* On lui demanda pourquoi il ménageait si peu les simples, qui le font vivre ; sa réponse fut : que la Patience n'était ni très-utile ni très-rare.

Ces quelques exemples peuvent faire pressentir le nombre de faits analogues que, faute de connaissances suffisantes en botanique médicale, la pratique de la pharmacie engendre chaque jour, au grand préjudice de la thérapeutique et de la sécurité de tous. Ces erreurs ne peuvent, sans doute, être toutes attribuées au manque de connaissances, puisque le pharmacien n'est reconnu apte à recevoir un diplôme que lorsqu'il a fourni des preuves d'une instruction suffisamment solide. Mais, tout en admettant cette vérité, nous croyons aussi que les connaissances pratiques de la botanique rurale et celle des drogues simples ne doivent pas seulement être cultivées dans le but de satisfaire à un examen, mais encore faire l'objet des études journalières qui doivent accompagner la pratique de la pharmacie, comme celles de l'anatomie le sont chaque jour pour le chirurgien que sa conscience veut mettre à l'abri de tout accident.

2° Utilité de la Botanique et du Microscope dans les recherches Toxicologiques.

Si la matière médicale trouve dans la botanique et dans les secours que lui prêtent les recherches microscopiques, ces garanties solides qu'aucune autre science ne peut lui fournir au même degré, en tant qu'il s'agit de la détermination des drogues d'origine végétale, la toxicologie, qui peut mettre fréquemment le pharmacien en relief, trouve, avec leur aide, les moyens de résoudre de nombreux problèmes dont la solution, à en juger par les écrits élaborés par les chimistes qui traitent de ces matières délicates, semble avoir été reléguée parmi les impossibilités. Il ne s'agit pas seulement ici de ces empoisonnements qui se renouvellent chaque année avec l'ingestion de plantes plus ou moins connues de tous, et que leurs débris volumineux ou des représentants conservés entiers permettent de caractériser, pour peu que l'on soit exercé à la détermination des plantes ; mais encore, et surtout, de ceux, malheureusement trop nombreux, dont la chimie ne nous permet pas de déterminer la cause, et qui sont dus à des agents organiques ou à leurs fragments, dont la texture délicate et cependant caractéristique ne peut être révélée qu'à ceux qui ont acquis, par l'habitude des dissections, la composition élémentaire des parties des végétaux utiles ou toxiques. Voici des exemples :

Première observation. — Au mois de janvier 1857 , Mme D...; fermière aux environs de Tourcoing, enceinte de huit mois, appela,

2

à l'insu de son médecin, un charlatan qui lui prépara une potion dans le but de la guérir d'une jaunisse récente. L'ingestion d'une partie du médicament eut lieu le soir, et une demi-heure s'était à peine écoulée, que la malade, en proie à une agitation désordonnée, perdit complètement la raison ; les membres thoraciques sont alors agités de mouvements désordonnés et comme convulsifs, la face est rouge, animée; la conjonctive injectée ; le regard est fixe, les pupilles dilatées ; le délire s'accroît, le coma lui succède, et la mort termine, en quelques heures, cette rapide et lugubre scène.

Le médecin de la famille obtint l'aveu de l'imprudence commise; le reste du médicament et l'estomac de la défunte sont recueillis. Voici les matières que le microscope, aidé de la chimie, y a signalées :

La substance contenue dans la fiole se compose d'un liquide brun et d'un dépôt floconneux grisâtre. Le liquide, séparé par le filtre, donne à la distillation : 1° des traces d'alcool ; 2° de l'eau faiblement ammoniacale. La matière extractive, résidu de la distillation du liquide, est concentrée à la chaleur du bain-marie jusqu'à consistance d'extrait ; pendant cette opération, elle exhale une odeur vireuse analogue à celle que produit l'extrait de jusquiame placé dans les mêmes conditions. Une portion de cet extrait, dissoute dans l'eau distillée, fournit un soluté qui n'est pas troublé par le chlorure de platine, mais précipite en jaune tendre par le chlorure d'or, et en gris blanc par l'acide tannique. Une deuxième portion de cet extrait, additionnée d'une solution de carbonate de potasse, chauffée au bain-marie, puis desséchée et reprise par l'alcool à 95°, donne une teinture qui, évaporée, laisse un faible résidu soluble dans l'eau alcoolisée, qui précipite encore par le chlorure d'or et le tannin. La troisième et dernière portion d'extrait fut délayée dans l'eau et appliquée sur la conjonctive, à l'angle interne de l'œil gauche d'un garçon de laboratoire, qui voulut bien se soumettre à cette épreuve. Cette application détermina une sensation de cuisson très-prononcée, excita le larmoiement, et, cinquante-cinq minutes après, une dilatation très-marquée de la pupille. Ces caractères chimiques et physiologiques, joints aux symptômes observés, permettaient de conclure que ladite préparation recélait, très-vraisemblablement, une substance narcotique ou narcotico-âcre. Quant à l'espèce, l'anatomie végétale et le microscope permirent, seuls, d'arriver à sa détermination. En effet, le résidu demeuré sur le filtre, placé par petites fractions sur le porte-objet, montra : 1° des poils flasques, à parois minces, formés de trois à six cellules ajustées bout à bout et terminées par une cellule glanduleuse ; 2° plusieurs semences de couleur rousse-brunâtre de 1^{mm} à 1^{mm} 5, réniformes, aplaties, élégamment réticulées sur toute leur surface, lesquelles, privées de leur épisperme, contenaient un petit embryon arqué, situé à la périphérie d'un endosperme charnu ; caractères des poils et des semences de l'*Hyosciamus niger*. Ce qu'il y a de plus remarquable dans cette observation, c'est que l'examen microscopique continué fit, en outre, découvrir :

3° Une matière organique cellulo-floconneuse , bleuissant sous l'action de l'iodure de potassium ioduré ;

4° Des débris de péricarpe semblables à ceux du millet des oiseaux ;

5° Des débris du péricarpe du chanvre ;

6° Des débris irréguliers, relativement très-peu abondants, que l'acide acétique transforma sur le porte-objet du microscope en tables rhomboïdales, où l'analyse chimique montre des phosphates et de l'ammoniaque en quantité relativement abondante. Or, une telle association de débris ne pouvait exister que dans les excréments d'un oiseau granivore, et l'inculpé avoua que sa recette se composait d'eau, d'eau-de-vie, de feuilles de jusquiame et de fiente de serin.

Deuxième observation. — M. E...., de la ville de Wazemmes, est accusé de tentative d'avortement sur la personne de sa femme. Une boîte de pilules est saisie à son domicile ; l'analyse chimique fut infructueuse pour y déceler la présence d'un agent abortif. Le microscope y découvrit des fragments très-ténus, élastiques, composés de filaments et de cellules irrégulières , insolubles dans la liqueur de Sweitzer, emplies d'une matière granuleuse réfractant fortement la lumière, matière qui s'échappait en globules huileux, de grosseurs diverses, sous la pression un peu exagérée du couvre-objet; caractères de l'ergot. La surface de ces pilules était recouverte de lycopode mélangé d'amidon de céréales, contenant lui-même de la farine des légumineuses ; dernière constatation qui permit de remonter à l'origine des pilules fabriquées par une sage-femme, ainsi qu'à celle du lycopode acheté dans une maison de droguerie, innocente d'une fraude que celui qui la dirige n'avait su reconnaître.

Troisième observation. — En 1858 , M. Cantet , à la tête d'une entreprise d'omnibus, perdit 257 chevaux en moins de trois mois. Les premiers symptômes de la maladie consistaient en coliques , bientôt suivies de selles liquides dont les matières étaient expulsées avec violence, comme par une contraction spasmodique de l'intestin ; puis, suivaient des plaintes continuelles ; une soif inextinguible et une faiblesse extrême précédaient la mort, qui arrivait ordinairement au bout de quelques jours , avec ou sans convulsions. M. Loiset , vétérinaire distingué , soupçonnant un empoisonnement, nous fit remettre la farine d'orge employée comme principale nourriture de ces animaux, afin de la soumettre à l'analyse, qui ne nous donna aucun indice de la présence d'une substance toxique ; mais le microscope y fit découvrir une forte proportion de débris d'ergot des céréales. Nos renseignements nous apprirent que cette farine provenait de déchets obtenus de la mise en œuvre d'orge fortement ergotée, dans une fabrique d'orge perlé.

Un cheval destiné à être abattu fut nourri avec cette même farine et mourut huit jours après, avec les symptômes observés sur ceux du sieur Cantet. Comme lésions pathologiques plus particulièrement notables , le tube intestinal présentait des taches gangréneuses dans presque toute son étendue, et le foie , volumineux , était sec et friable.

Quatrième observation. — Le curare, dont le mode d'action nous a été révélé par l'abbé Salvadore Jilig, dans son *Histoire de l'Amérique*, doit être considéré comme le plus redoutable des poisons connus; mais l'on sait que toutes les sortes, car il en existe plusieurs, ne possèdent pas le même degré d'énergie, et que c'est celui de Mandavaca que l'on s'accorde à regarder comme le plus actif; puis viennent ceux d'Esmeralda, de Vasiva, et en dernière ligne celui d'Estemplado, dont l'action paraît se borner à paralyser passagèrement, ou à engourdir les individus blessés. Le premier de ces poisons, dont trois échantillons nous ont été procurés par MM. Dorvault, Warthon et Smith, est généralement attribué au *Strychnos toxifera*, dont le suc obtenu par incision serait épaissi par le feu, après avoir été mélangé avec celui d'une autre liane non toxique, désignée dans le pays sous le non de *kiracaguero*.

Nous noterons en passant que cette origine du curare nous paraît plus probable que celle qu'on lui attribue, alors qu'on le fait provenir des très-jeunes pousses du *Strychnos toxifera*, parce que l'examen microscopique de cette substance y révèle la présence de cellules pierreuses qui ne peuvent exister dans les parties corticales à peine ébauchées des jeunes pousses.

Quoi qu'il en soit, les divers échantillons de curare de Mandavaca, que nous avons examinés, se présentaient sous l'aspect d'un extrait sec, brun noirâtre, résinoïde, peu hygrométrique; sa saveur, un peu chaude et d'une amertume analogue à celle du sulfate de quinine, produisait une sensation d'astriction bien marquée sur la muqueuse buccale. Cet extrait, presque entièrement soluble dans l'eau et dans l'alcool, était neutre au papier réactif: sa solution aqueuse précipitait abondamment par l'acide tannique. Les analyses de MM. Boussingault et Roulin, ainsi que celles de MM. Pelletier et Petroz, nous ont fait connaître la composition chimique de cette substance; mais il serait difficile, dans un cas d'expertise, de s'appuyer sur elle pour arriver à la constatation du poison. Un examen atttentif nous a convaincu que le curare de Mandavaca recèle des débris organiques propres à le faire reconnaître sur les tissus où il n'existerait qu'en quantité minime. Deux centigrammes de curare délayés dans une goutte d'eau servirent à imprégner l'extrémité taillée en pointe, d'une bûchette de sapin, longue de deux centimètres. A peine cette petite flèche fut-elle introduite sous la peau de la cuisse d'un lapin de taille moyenne, que l'animal s'accroupit dans l'attitude du repos ; immédiatement la tête s'inclina comme si les muscles qui la soutiennent étaient soudainement paralysés par le sommeil, et le museau s'appuya sur le sol ; mais comme cette position exigeait encore une action musculaire, quoique faible, et que cette action n'existait plus, la tête s'inclina sur le côté. La vie de relation était abolie, et ce résultat arriva en moins de sept secondes. De légers frémissements agitèrent les muscles peauciers ; les mouvements vermiculaires de l'intestin et les contractions du cœur continuèrent seuls à se manifester encore quelques instants.

La petite plaie, élargie à l'aide d'une incision et lavée à l'eau distillée, de manière à recueillir l'eau de lavage, donna un soluté trouble qui, abandonné au repos, fournit un faible dépôt dans lequel l'examen microscopique, fait par un grossissement de 350 diamètres, montra : 1° des fragments irréguliers, transparents, d'une teinte faiblement ambrée, mélangés à des mycéliums rameux très fins, de vésicules sphériques de 0,^{mm}045, emplies de granules (spores), d'une grande ténuité. Cette moisissure, de l'ordre des Cystosporés, témoigne que la matière extractive qui la recèle a dû conserver pendant quelque temps, avant de se dessécher, un certain degré de mollesse ; car, sans cela, on ne pourrait comprendre comment les rameaux flexibles du mycélium dont il est question, pourraient en pénétrer la masse, dont la dureté peut être comparée à celle de la gomme laque. Avec ces éléments, on en découvre d'autres moins nombreux, mais aussi constants ; ce sont : 2° des cellules de forme ovalaire, fortement incrustées, à canalicules rameux, en tout semblables à celles que l'on rencontre presque constamment dans les écorces d'un certain âge ; 3° des fibres libériennes à canalicule excessivement étroit, terminées en cônes aigus à leurs extrémités et mesurant 0^{mm},025 de diamètre transversal. Il y a peu de temps que l'on préconisait le curare dans le traitement du tétanos traumatique; dans l'avenir, comme cela se pratique déjà à la Guyane, l'on pourra le prescrire à l'intérieur comme tonique des organes digestifs : en un mot, que son emploi comme agent thérapeutique se vulgarise, et nous aurons des accidents ou peut-être des crimes à constater. Or, les données de la chimie, jointes à l'étude des symptômes, deviennent dans de pareils cas,, comme dans beaucoup de ceux qui se rapportent à la recherche des toxiques d'origine organique, insuffisants pour arriver à la solution du problème. Et dès-lors, qui n'entrevoit que la réunion des éléments que nous venons de signaler peut, pour ce genre de recherches, fournir un contingent de preuves d'une certaine valeur?

3° De l'utilité de l'Histoire naturelle et du Microscope dans les recherches Médico-légales.

Si la matière médicale et la toxicologie demandent, dans leurs applications les plus fréquentes, la connaissance complète des êtres organisés utiles à la thérapeutique ou nuisibles à la santé, la médecine légale impose la même obligation, et, pour ses recherches les plus fréquentes, elle exige même l'étude de quelques-uns des éléments histologiques de notre espèce. Qui donc, à défaut du médecin que ses occupations appellent presque constamment au lit du malade, peut mieux que le pharmacien, toujours sédentaire, se charger de constater la nature d'une tache suspecte, la présence du sang, des zoospermes, des débris de vêtements, etc., pour éclairer la Justice ? Le magistrat qui le requiert si fréquemment et le désigne aux yeux de ses concitoyens, comme l'homme probe et éclairé entre les mains duquel les intérêts de la société et de l'accusé sont les uns et les autres garantis, ne l'oblige-t-il pas à des études plus minutieuses et plus pratiques que celles auxquelles il s'arrête généralement ? D'ailleurs, sur l'avis même du médecin, n'est-il pas fréquemment appelé comme auxiliaire de ce dernier, et ne voit-il pas son rôle s'élargir en raison de son savoir ? Les délits pour lesquels le pharmacien peut être le plus fréquemment appelé comme expert, sont les tentatives de viol, les attentats à la pudeur. Or, dans ces cas, malheureusement trop fréquents, il est souvent important de constater si les vêtements ou diverses parties du corps des victimes ont été souillés par du sperme ; et, malgré les services que l'examen chimique peut quelquefois rendre dans ces occasions, il n'est pas un expert, du moins nous le croyons, qui oserait prononcer affirmativement d'après les seules données fournies par cette science ; tandis que secondé par l'histoire naturelle, c'est-à-dire par une étude bien faite des éléments histologiques de la liqueur spermatique, il pourra résoudre le problème à l'aide de traces à peine sensibles de cette substance.

La nuance, la forme, les dimensions, la texture des poils des cheveux et celles des éléments organiques qui entrent dans la composition des tissus qui servent à nous vêtir, offrent fréquemment des ressources précieuses dans les expertises confiées au pharmacien légiste, et l'histoire naturelle, aidée du microscope, pourra seule fournir de précieuses ressources propres à éclairer utilement la Justice.

Première observation. — Dans les premiers jours du mois de juin de l'année 1857, à la fête dite du *Broquelet*, deux jeunes ouvriers qui avaient troublé le sommeil de deux ouvriers belges couchés près d'une briqueterie, dans la ville de Wazemmes, furent assaillis par ces derniers et reçurent des blessures graves faites à l'aide d'instruments tranchants, blessures qui, en pénétrant la cavité thoracique, déterminèrent la mort immédiate de l'un d'eux ; le second ne dut son salut qu'aux soins empressés et entendus de notre collègue le docteur Houzé de l'Aulnoit. Aucun indice n'était encore venu mettre la justice sur les traces des auteurs de ces méfaits, quand l'examen des vêtements des victimes nous fit découvrir un cheveu roux et quelques débris de fibres libériennes du lin. Or, ces indications purent faire découvrir dans une filature de lin voisine du lieu où la scène s'était passée, l'un des coupables, qui plus tard avouant son crime, se recommanda à l'indulgence de la Cour de Douai.

Deuxième observation. — Au mois de décembre de l'année 1858, une tentative de meurtre, suivie d'une tentative de viol, avait lieu sur la personne d'une jeune fille, dans la forêt de Mormal. L'instruction nous fit remettre : 1° une matière visqueuse recueillie sur le lieu du crime ; 2° un mouchoir à carreaux, abandonné dans la forêt ; 3° un mouchoir bleu saisi sur la personne d'un accusé nommé H.... La matière visqueuse était moisie et mélangée à des débris de feuilles mortes, alors qu'elle nous fut remise ; mais l'examen microscopique permit d'y constater la présence des cellules pierreuses et parenchymateuses des poires (ou de fruits analogues), ainsi que celle de l'amidon des céréales contenant de la farine des légumineuses. Le mouchoir trouvé dans la forêt de Mormal, ainsi que celui saisi sur l'accusé, étaient marqués de taches très-diffuses à peine apparentes, analogues à celles produites par des aliments mal digérés, et leur examen y fit découvrir : 1° des cellules pierreuses et parenchymateuses des poires (ou fruits analogues) ; 2° de l'amidon des céréales contenant de la farine des légumineuses ; il y avait identité de composition entre la matière trouvée sur le lieu du crime et celle qui tachait le mouchoir de l'accusé.

Troisième observation. — Au mois de janvier 1859, le nommé Lepoutre, de la commune d'Hellèmes, est trouvé gisant et sans vie, le crâne fracturé, dans le voisinage de sa demeure. L'on supposa d'abord que cette mort était accidentelle et due au passage des roues d'un chariot sur la tête du défunt, surpris pendant qu'il était

3

ivre et couché sur le sol. La découverte d'un bâton dans une citerne voisine, fit soupçonner que cet objet pouvait être l'instrument qui avait occasionné la mort de Lepoutre, et l'examen microscopique fit reconnaître à l'une de ses extrémités des cellules épidermales formant une pellicule membraneuse de 5 millimètres carrés, laquelle portait des bulbes pileux et quelques cheveux gris-roux, comme ceux de Lepoutre, membrane qui coïncidait exactement sur la partie dénudée du crâne de la victime.

Quatrième observation. — Bien que le sang des mammifères ne puisse, en général, être distingué de celui de l'homme, la forme, les dimensions de ses corpuscules, les globules blancs qu'il recèle, fournissent, dans une foule de cas, des données importantes pour les recherches qu'entreprend l'instruction des affaires criminelles. Au mois de mai de l'année 1858, un pantalon de laine et des pièces de 5 francs nous furent remis, à l'effet de reconnaître la nature des taches qui recouvraient lesdits objets. Les pièces de 5 francs, dont les souillures étaient à peine apparentes, frottées à l'aide d'une pointe mousse dans les parties tachées, après avoir été humectées d'huile, abandonnèrent des lamelles microscopiques composées de globules sanguins agglutinés et devenus polygonaux. Le pantalon portait une tache de 3 millimètres de surface, qui, délayée dans l'eau, montra des globules sanguins déformés, mal caractérisés, parmi lesquels il fut aisé de trouver des globules blancs. Ces pièces et ce pantalon provenaient de l'assassin de la dame X...., de l'arrondissement d'Avesne.

4° De l'utilité de l'Histoire naturelle et du Microscope au point de vue du Diagnostic.

L'histoire naturelle et le microscope ne sont pas seulement utiles, dans leurs applications à la matière médicale, à la toxicologie et à la médecine légale ; les services immédiats qu'ils peuvent rendre chaque jour entre les mains du pharmacien, qui doit être l'auxiliaire complaisant du médecin pour l'aider, dans quelques cas, à fixer son diagnostic, et, dans d'autres, à suivre la marche de certaines maladies, doivent lui imposer l'obligation de leur étude la plus sérieuse. En effet, qui donc peut mieux que ce praticien s'occuper de la recherche des corpuscules sanguins dans les sécrétions, les zoospermes dans les urines, dans les kystes du cordon testiculaire, le pus, la matière tuberculeuse, les cellules cancéreuses, épithéliales, fibro-plastiques, etc. ; dans les crachats, les tumeurs suspectes, les sécrétions et les matières vomies ?

Si l'analyse chimique qualitative peut aisément constater l'albumine, le sucre, l'inosite, etc., dans les urines, le microscope y fait découvrir plus rapidement encore l'acide urique, l'urate d'ammoniaque, l'oxalate de chaux, le phosphate ammoniaco-magnésien, bien que ces composés rentrent plus spécialement dans le domaine de la chimie.

Le muguet, l'herpès tonsurant, le *porrigo decalvans*, la mentagre, le *pityriasis versicolor*, la teigne, etc., sont toujours accompagnés de végétations parasites qu'il importe au médecin de bien connaître, puisqu'elles sont caractéristiques de ces affections ; et, il faut bien le dire, l'étude de ces êtres n'a encore guère quitté les régions élevées de la science, pour descendre dans la pratique journalière de la plupart de ceux qui exercent l'art de guérir, parce qu'ils craignent, avec raison, de ne pouvoir trouver chez le pharmacien l'aide d'une étude patiente et bien faite, qui seule peut les éclairer de manière à lever leurs doutes sur la nature de l'affection à déterminer.

Sans doute, ces recherches incombent plus spécialement au médecin ; mais, nous l'avons dit, il est bien rare que les exigences de sa clientèle lui permettent de s'y livrer ; et d'ailleurs ses études à cet endroit ne laissent-elles non plus rien à désirer ?

Que de services la pharmacie ne rendrait-elle pas, si elle se lançait dans cette voie féconde, si propre à resserrer des liens, malheureusement bien relâchés, qui devraient unir étroitement deux corporations faites pour concourir ensemble aux progrès de l'art médical et au bien public !

Combien de faits intéressants et nouveaux ne passent-ils pas inaperçus dans la pratique, au grand préjudice de la science et du client !

Première observation. — Notre collègue et ami le docteur Germain suivait avec sollicitude l'état d'un malade dont les urines, d'une teinte anormale, tenaient en suspension une matière floconneuse grisâtre ; ces urines, qui avaient été recueillies au moment de leur émission, par ce praticien, nous ayant été remises, l'examen microscopique y décela : 1° quelques cellules piliformes à canalicule étroit, semblables à celles qui siégent au sommet du péricarpe du froment ; 2° des cellules linéaires à bords crénelés, semblables à celles qui constituent l'épiderme de ce fruit à sa région moyenne ; 3° des débris de cuticule et la lame spéciale d'une trachée ; 4° des cellules cancéreuses, relativement abondantes. Le diagnostic, si longtemps incertain, put être fait à la minute. Une tumeur cancéreuse abcédée avait fait communiquer l'intestin avec la vessie, et une partie des matières fécales étaient expulsées avec les urines.

Deuxième observation. — Le docteur Bineau, professeur à l'École préparatoire de médecine et de pharmacie de Lille, traitait un malade atteint d'une affection ayant quelque analogie avec le muguet. La production pathologique, qui se renouvelait depuis plusieurs années, se présentait sous forme de fausses membranes, de deux millimètres d'épaisseur, qui tapissaient les lèvres, les gencives, la langue, une partie du palais, et se reproduisait avec la plus grande facilité. Ce praticien, sans le secours du microscope, avait diagnostiqué la présence d'une végétation cryptogamique. Voici ce qu'une étude attentive nous a révélé :

Les couches membraneuses, d'une épaisseur moyenne de deux

millimètres, examinées à la loupe, étaient blanches et lisses à la surface qui adhérait à la paroi de la muqueuse buccale ; leur surface libre était mamelonnée et d'une teinte faiblement rosée. Examinées sur la tranche, à l'aide d'un fort grossissement, elles se montraient composées, de la face adhérente à la face libre : 1° de globules de muco-pus ou leurs analogues, fortement pressés les uns contre les autres ; 2° de cellules pavimenteuses à noyau. Ces éléments constituaient un sol dans l'épaisseur et à la surface duquel serpentaient des mycéliums rameux non cloisonnés, de 0mm,0025, contenant quelques granules, sur lesquels étaient fixés des sporanges arrondis, sessiles, sans columelles, de 0mm,03 à 0mm,04, à divers degrés d'évolution ; ces sporanges, pressés les uns à côté des autres, à la manière des baies du groseillier sur leurs grappes, étaient d'une extrême fragilité et se rompaient sous le couvre-objet, si l'on ne prenait le soin d'augmenter leur cohésion en les macérant dans l'eau iodée. Leur contenu, qui consistait d'abord en un liquide granuleux, s'organisait ensuite en spores nombreuses, de forme ovalaire, munies d'un nucléus très-réfringent. Ces spores, dont la grosseur variait de 0mm,0025 à 0mm,0030, avaient une teinte faiblement rosée et germaient avec la plus grande facilité, alors qu'on les mêlait avec de la salive légèrement acidulée à l'aide d'une goutte de vinaigre. Ce champignon, de l'ordre des cystospores, et dont le mode de déhiscence nous est inconnu, nous semble devoir constituer un genre nouveau, voisin des *cauloglaster* et *pilobolus*.

Troisième observation. — Notre collègue le docteur Parise, professeur de clinique chirurgicale, qui nous confie presque chaque jour des sécrétions ou des tissus pathologiques, dans le but d'en constater plus sûrement la nature, avait remarqué plusieurs fois que les kystes des cordons testiculaires, bien que donnant à la ponction un liquide séro-albumineux contenant des spermatozoïdes, ne présentaient aucune communication avec les canaux déférents. Ces observations lui ayant suggéré l'idée que ces kystes pourraient bien être munis d'une membrane proligère source de ces organismes , il nous chargea d'examiner le liquide séro-albumineux provenant d'un malade opéré la veille. Ce liquide , faiblement alcalin , présentait, vingt-quatre heures après avoir été extrait de la poche qui le recélait, de nombreux zoospermes mouvants, parmi lesquels on remarquait une grande quantité de globules spermatiques. Le liquide, abandonné jusqu'au lendemain à une température de 12° centigrades , ne présentait plus de spermatozoïdes vivants ; mais en chauffant le vase qui les contenait, à 37°, pendant quelques heures , il était aisé d'en retrouver se mouvant avec agilité, en même temps qu'on en voyait d'autres éclore en s'agitant vivement dans les cellules, contre les parois desquelles ils étaient courbés en demi-cercle ; de sorte que, dans l'espèce , le développement et l'éclosion des spermatozoïdes , au lieu de s'opérer en nombreuse compagnie dans une cellule-mère dont le contenu se segmente à la manière du *vitellus*, éclosent iso-lément d'une seule cellule libre , abandonnée à un liquide anormal, dans lequel elle trouve cependant les conditions nécessaires pour achever le développement du frêle organisme auquel elle donne nais-sance.

5° De l'utilité de l'Histoire naturelle et du Microscope dans l'expertise des Denrées alimentaires et condimentaires.

Depuis la promulgation de la loi du 1er avril 1851, pour la ré-pression des fraudes qui s'exercent dans la vente des substances alimentaires et médicamenteuses, chaque jour le pharmacien est appelé à prêter son concours aux magistrats de l'ordre judiciaire, et désigné comme expert pour rechercher les falsifications soup-çonnées. Or, les spéculateurs par la fraude savent que l'introduc-tion des matières minérales dans les denrées alimentaires et condi-mentaires est trop facile à reconnaître , pour user de ce moyen ; aussi les mélanges frauduleux faits dans ces matières résultent-ils presque constamment de l'union de substances organiques de qua-

- lités et de caractères physiques analogues à celles de l'objet frelaté, et l'histoire naturelle et le microscope peuvent seuls dévoiler ces honteux abus, dont l'action fâcheuse porte le plus ordinairement ses effets sur les classes laborieuses, qui comptent trop sur la bonne foi des marchands, entre les mains desquels revient presque en entier le produit de leurs labeurs. Les farines, le pain, les matières féculentes, les cafés, les poivres, les cannelles, la chicorée, la moutarde, etc., objets d'une consommation journalière, sont, surtout aux époques où elles sont le moins abondantes, l'objet de ces fraudes. Le rôle du pharmacien, dans ces recherches qui lui sont confiées, soit par autorité de justice, soit par le commerce, ne doit pas se borner, comme on le croit généralement, à émettre un avis sur la probabilité et la nature de la fraude ; il doit l'établir rigoureusement sur des données scientifiques que son rapport, assez détaillé, permet de contrôler par tous les experts qui suivront la voie qu'il aura tracée. Les éléments organiques et la texture qui résulte de leur association étant toujours les mêmes dans les parties du végétal qui composent une denrée alimentaire, condimentaire ou médicinale, il suit que tout élément hétéromorphe qui s'y trouve mélangé peut, de prime abord, être considéré comme le résultat d'un accident ou d'une immixtion frauduleuse. D'après cela, il est de toute nécessité que le pharmacien connaisse, non-seulement la texture et la nature des organismes qui composent naturellement l'objet qui lui est soumis, mais encore celle des matériaux sur lesquels la fraude s'appuie. Cette étude, malheureusement si négligée, n'est cependant pas seulement utile à l'expert; on peut dire qu'elle résume, à elle seule, les ressources à l'aide desquelles il est possible de s'assurer si les poudres des substances organiques et les matières féculentes que la droguerie verse dans les officines, sont ou non falsifiées.

Première observation.— M. le juge d'instruction près le tribunal d'Hazebrouck nous fit parvenir un rapport établi par un chimiste du département du Pas-de-Calais, au sujet d'un pain corrompu, lequel rapport concluait que la farine qui avait servi à préparer cet aliment était corrompue et presque totalement privée de gluten. Les données chimiques qui figuraient dans ledit rapport étaient parfaitement exactes ; les conclusions, malheureusement, ne l'étaient pas, faute d'avoir négligé l'emploi du microscope, et peut-être aussi de prendre l'avis des hommes compétents. Il arrive, en effet, chaque année, au printemps et en automne, dans le nord de la France, que le pain obtenu à l'aide de farines de premier choix, bien manutentionné, sain et de saveur irréprochable pendant les six ou douze premières heures qui suivent sa cuisson, s'altère bientôt et exhale une odeur particulière et analogue à celle de la levure de bière sentie en grande masse. Cette odeur, très-persistante et incommode, s'accroît de plus en plus, de façon que, pour s'y soustraire, il faut éloigner cet aliment de l'habitation.

Ce pain montre bientôt la partie la plus centrale de sa mie ramollie et grisâtre ; cette altération s'accroît de plus en plus, de telle manière que toute la mie se fluidifie au point de constituer une masse aussi visqueuse que la mélasse, et qui s'étire en fils soyeux semblables à ceux qu'émettent les filières des araignées. Le pain qui subit cette altération, outre l'odeur nauséabonde qu'il exhale, touché dans un point à l'aide d'un tube imprégné d'une solution de potasse caustique concentrée, laisse dégager d'abondantes vapeurs ammoniacales et se colore, quelques heures après, en jaune orangé ou en grenat, dans les portions qui ont reçu le contact du soluté alcalin. Ce même pain altéré, soumis à la dessiccation, brunit rapidement, et se caramélise à une température inférieure à 105°.

Les portions complètement ramollies et dont la saveur est sucrée et mucilagineuse rougissent, mais très-faiblement, le papier bleu de tournesol ; délayées dans l'eau distillée, elles se dissolvent en presque totalité, et le sirop filtré, additionné d'un grand excès d'alcool à 95°, laisse précipiter une matière poisseuse, à peine colorée, d'une saveur douceâtre et mucilagineuse qui, exposée à l'air, perd peu à peu son humidité, mais en partie seulement, de manière à conserver une consistance de pâte ferme excessivement tenace et presque aussi élastique que le caoutchouc, si la traction est opérée à une température peu élevée. A la température ordinaire, c'est-à-dire à 15 ou 20° centigrades, un cylindre de cinq centimètres peut être étiré par une traction brusque en un fil de trois mètres de long, et alors l'élasticité de la matière a diminué de beaucoup.

Cette matière, soluble dans l'eau en toute proportion, n'est pas colorée en rose par les solutions iodées, elle réduit la solution cupropotassique au même titre que la glycose; et comme la dextrine dissoute dans un soluté faible de potasse caustique et additionnée goutte à goutte d'un soluté aqueux de sulfate de cuivre, elle donne lieu à un précipité bleu clair qui se redissout bientôt, et colore la liqueur en bleu d'azur. Traitée par l'acétate de plomb tribasique, elle donne lieu à un précipité relativement peu abondant, dû à la présence d'une matière visqueuse que l'alcool précipite avec elle, et qui fournit le moyen de la purifier. Cette matière visqueuse est insipide, ne réduit pas la solution cupropotassique, ne contient pas d'azote au nombre de ses éléments, et ne jouit pas de la propriété saccharifique de la diastase. La matière sirupeuse tenue en solution dans l'alcool à 95°, concentrée dans un appareil distillatoire, donne un résidu mou, sucré, qui épuisé par l'éther cède une huile fixe, demi-fluide, d'une saveur âcre, dont la combustion par le nitre fournit des traces de phosphate. Enfin, la matière sucrée privée de matière grasse et précipitée de sa solution alcoolique à l'aide d'éther sulfurique, dans le but de la purifier, possède tous les caractères de la glycose unie à une faible quantité de lactate d'ammoniaque; tandis que le liquide précipitant donne, après évaporation, une liqueur acide jouissant des caractères de l'acide lactique. Un tel pain examiné au microscope montre : 1° la matière amylacée désagrégée en particules d'une grande ténuité, ou quelquefois l'absence complète de cette matière qui, comme nous venons de le voir, s'est transformée en glycose et en une matière ayant une grande

4

analogie avec la dextrine, mais qui paraît s'en distinguer d'abord
par son action sur la solution cupropotassique, puis par ses caractères physiques si remarquables ; la matière glutineuse est plus ou
moins complètement transformée en de petits corps toujours immo-
biles, semblables à des bacteriums de $0^{mm},0012$ de diamètre latéral
et $0,^{mm}004$ de long ; ces petits corps, dont la forme est cylindrique,
sont le résultat de la scission perpendiculairement à l'axe d'un
cylindre qui se divise en deux ou quatre individus le plus ordinairement de grandeur égale. Cette production, qui ressemble à une
torulacée aussi bien qu'à un bacterium, est-elle la cause ou la con-
séquence de l'altération du pain vis-à-vis des éléments duquel elle
jouerait le rôle d'un ferment particulier ? Cette question, du reste
peu importante au point de vue de l'expertise, exige, pour être
résolue, des recherches plus étendues que celles auxquelles nous
nous sommes livré ; et tout ce qu'il nous est possible d'ajouter en
ce moment, c'est que la pâte du pétrin ; aux diverses périodes de
sa levée, montre un petit nombre de ces individus qui se dévelop-
pent dans les portions glutineuses, quelle que soit l'espèce de levain
employée, et que le pain qui a subi l'altération dont il s'agit et qui
les recèle par myriades, mis en contact avec la mie du pain sain
sortant du four, lui fait subir la même altération, c'est-à-dire qu'il
se comporte à la manière d'un ferment particulier.

Une analyse quantitative de cent grammes de mie de pain filant
complètement fluidifié, a donné :

1° Glycose........................	55,00
2° Dextrine (isomère)...............	25,00
3° Matière visqueuse non azotée.........	5,00
4° Cellulose......................	1,00
5° Amidon désagrégé	1,00
6° Huile jaune demi-concrète et phosphorée	0,50
7° Acide lactique..................	0,50
8° Lactate d'ammoniaque............. }	
9° Ferment particulier et perte........ }	12,00
	100,00

L'altération dont il s'agit n'a pas seulement de l'importance au point de vue de l'expertise, pour les rapports erronés auxquels elle a donné lieu, mais encore à cause des pertes immenses qu'elle occasionne chaque année à l'alimentation publique, et surtout à la boulangerie ; car, bien que ce genre de fermentation exige, pour se produire, une réunion de conditions qui ne se présentent qu'à certaines époques de l'année, une fois qu'elle s'est manifestée dans une boulangerie il est rare qu'elle ne se continue pas pendant plusieurs jours et souvent plusieurs semaines de suite, sur le pain ou une partie du pain fabriqué ; et ce n'est qu'en renouvelant le travail, à commencer par les levains ou la levure, après avoir procédé au nettoyage du pétrin, que, sur nos avis et ceux de M. Franchomme, la boulangerie de Lille a pu jusqu'ici la faire cesser.

L'on croit généralement que la cuisson du pain modifie assez les éléments organiques étrangers à ceux du blé, ainsi que ceux de cette céréale, pour rendre les recherches optiques complètement infructueuses. Cette opinion tout à fait préconçue ne peut être soutenue, en présence des faits que des recherches nombreuses et bien conduites mettent en évidence. L'hydratation des granules amylacés libres n'augmente guère leur volume que d'un cinquième ou d'un quart, et dans cet état l'œil exercé peut encore les reconnaître.

D'ailleurs, les mêmes granules encore contenus dans les cellules inextensibles qui les ont élaborés (condition qui se présente dans les farines de riz, de sarrasin, de maïs, des légumineuses, dans la pulpe de pomme de terre), n'ont rien perdu de leurs dimensions et de leurs caractères primitifs. Ajoutons à ces observations que certains éléments organiques, non féculents, qui accompagnent forcément la fraude, conservent tous leurs caractères, et l'on comprendra que l'utilité du microscope dans ces recherches conserve encore toute sa valeur. Ainsi, le pain qui contient des issues remoulues, dont la tranche grisâtre présente des vacuoles elliptiques, et dont la saveur douceâtre peut de prime abord faire soupçonner l'origine, est vite et bien plus sûrement reconnu si l'on prend le soin de ramollir et de délayer complètement la mie dans l'eau, car le microscope y décèle l'association, en quantité notable, des trois sortes de cellules dissociées qui composent le péricarpe du blé, ainsi que les poils unicellulés du sommet de cet organe, et les cellules réticulées de l'épisperme relativement très-abondantes. D'ailleurs, l'on peut rendre la recherche de ces éléments très-facile si l'on dissout, à l'aide de l'ébullition, dans l'eau additionnée d'un dixième de son poids d'acide sulfurique, les portions glutineuse et amylacée du pain. Cette pratique a même l'avantage de faciliter la constatation du tissu réticulé des légumineuses, si le pain contient de la farine de ces graines, ainsi que celle des moisissures que les issues, faciles à s'altérer, contiennent presque toujours, si elles ont été conservées durant quelque temps avant d'être introduites dans le pain.

Les farines de maïs, de sarrasin, de riz, introduites dans le pain, lui communiquent un aspect et une saveur analogues à celles que possède celui qui contient des issues. Pour reconnaître ce genre de fraude, il suffit de macérer la mie de l'échantillon suspect, de la délayer parfaitement dans l'eau, de manière à obtenir la désagrégation la plus parfaite possible de la masse, que l'on dilue ensuite dans une grande quantité d'eau contenue dans un vase à précipité de forme conique.

Les parcelles les plus volumineuses, qui en raison de leur poids se déposent les premières, sont seules recueillies, macérées durant quelques heures dans une solution d'acétate de potasse au dixième, à l'effet de leur donner une belle transparence, puis examinées au microscope; elles montrent alors les caractères que nous avons indiqués dans un mémoire publié en 1855, sur les *falsifications des farines*, parce que les granules amylacés du sarrasin, du maïs, du riz, bien qu'ayant été soumis à l'action d'une température élevée pendant la cuisson du pain, ont conservé leurs formes, emprisonnés qu'ils sont pour la plupart dans des cellules inextensibles et qui ne peuvent se rompre.

La présence de la farine d'orge, si fréquente dans les farines, sera reconnue dans le pain, en dissolvant le gluten et les matières amylacées comme il a été dit plus haut, et en procédant à l'examen microscopique du dépôt insoluble, qui montrera des paillettes carrées ou linéaires formées par la réunion de cellules étroites, non sinueuses sur leurs bords, provenant des débris des balles, et surtout des arêtes dont la farine d'orge n'est jamais exempte, quel que soit le soin que l'on apporte à la mouture du fruit qui la fournit.

La farine des légumineuses, qui est l'agent de fraude le plus fréquemment employé, parce qu'il facilite le travail de la pâte, fait pousser rond, donne au pain une physionomie plus engageante, fixe une plus forte proportion d'eau et permet l'emploi de farines de basses qualités, peut être décelée par l'examen microscopique direct, qui montre les granules féculents des légumineuses avec leur forme première, malgré leurs dimensions un peu exagérées par l'hydratation, qui a effacé en partie les fêlures que l'on est convenu de désigner sous le nom de *hile*. La dissolution des matières amylacée et glutineuse donne ici, comme nous l'avons dit ailleurs, un résidu dans lequel on retrouve, non-seulement le tissu réticulé des légumineuses, mais encore des cellules ballonnées et intègres de ce même tissu encore pleines de granules féculents.

D'après ces exemples, qui donc peut nier l'importance de l'histoire naturelle et du microscope, dans les problèmes variés que le pharmacien est appelé à résoudre, aux points de vue de la matière médicale, de la toxicologie, de la médecine légale, du diagnostic et des falsifications des denrées alimentaires, et peut méconnaître que les ressources qu'ils nous offrent sont généralement négligées, faute d'études suffisamment pratiques capables d'en faire saisir la portée?

De 1852 à 1859, c'est-à-dire pendant une période de sept années, nous avons eu soin de prendre note des expertises qui nous ont été confiées par MM. les juges d'instruction, les procureurs impériaux, l'intendance militaire, etc., dans les départements du Nord et du Pas-de-Calais, et leur nombre, ainsi que la nature des opérations auxquelles nous avons dû recourir, montrera une fois de plus l'importance de l'étude des sciences naturelles et des exercices microscopiques pour le pharmacien.

ÉTAT RÉCAPITULATIF

Des Problèmes qui nous ont été soumis pendant une période de sept années, dans les départements du Nord et du Pas-de-Calais.

1° Falsifications et altérations de la Farine de Froment.

NATURE DU MÉLANGE FRAUDULEUX.	Nombre de falsifications.	NATURE DU MÉLANGE FRAUDULEUX.	Nombre de falsifications.
Farine des légumineuses	63	Farine d'avoine	3
Farine de seigle et des légumin.	10	Farine de riz	6
Farine d'orge et des légumin.	10	Farine de sarrasin	2
Issues remoulues et farin des lég.	9	Farine de maïs	3
Issues moisies et farine des légum.	14	Fécule de pomme de terre	2
Issues remoulues	8	Sable	1 *
Farines échauffées et moisies	17	Argile	1 *
Farine d'orge	8	Carbonate de potasse	1 *
Farine de seigle	4	Craie	1 *

2° Falsifications et altérations du Pain.

Farine des légumineuses	39	Son et farine des légumineuses	3
Issues remoul. et farine des lég.	19	Farine de maïs	3
Far. moisies, issues, far. des lég.	10	Farine de riz et des légumin.	2
Farines moisies	12	Pulpe de pomme de terre	5
Pains dits filants	39	Pulpe de betterave	1
Farine d'avoine	5	Sel de cuivre	7 *
Issues, farine d'avoine et des lég.	2	Alun	2 *
Farine d'orge	3	Craie	1 *

NATURE DU MÉLANGE FRAUDULEUX.	Nombre de falsifications.	NATURE DU MÉLANGE FRAUDULEUX.	Nombre de falsifications.

Falsifications des Poivres.

Féculages..................	17	Coques d'amandes..........	2
Féculages et sable...........	2	Grabeaux de poivre.........	6
Fécule de pomme de terre.....	4	Tourteaux de lin...........	1
Amidon des céréales..........	2	Argile et farine de moutarde..	1*
Farine de riz...............	2	Argile....................	1*
Sciure de bois..............	1		

Falsifications des Cannelles.

Coques d'amandes...........	7	Cannelles épuisées...........	3
Fécule de pomme de terre.....	5	Craie....................	2*
Cannelle du Malabar.........	2	Argile....................	3*
Farine de riz...............	2	Cassia lignea..............	17

Falsifications du Café torréfié.

Poudre de chicorée..........	37	Caféides (orge torréfié)......	3

Falsifications de la Chicorée.

Terre et tourbe.............	38*	Eau et mélasse.............	15*

Falsifications de la Farine de Moutarde noire.

Moutarde blanche............	6	Tourteaux de colza..........	3
Tourteaux de lin............	2	Farine de moutarde avariée...	9

Falsification des Vinaigres.

Acide sulfurique............	7*	Sulf. de soude et acide chlorydr.	2*
Sel marin et sel de cuiv. (accidentel)	5*	Vinaigres corrompus.........	11*
Acide chlorhydrique..........	1*	Acide tartrique.............	1*

NATURE DU MÉLANGE FRAUDULEUX.	NOMBRE de falsifications.	NATURE DU MÉLANGE FRAUDULEUX.	NOMBRE de falsifications.

Falsifications du Beurre.

Sel marin en excès (20 p. °/o)..	2*	Lait épaissi..............	2*
Caséum (50 p. °/o)..........	2*	Mat. grasse étrang. fusible à 47°.	1*

Falsifications des Huiles.

Huile d'olives et d'œillettes....	6*	Huile de colza et de caméline .	4*

Falsifications des Eaux-de-vie.

Acide sulfurique............	2*	Matières sucrées et cachou....	7*
Savon de soude............	3*	Matières organiques indétermin.	6*

Falsifications du Lait.

Eau...................	195*	Eau et matières amylacées...	7*

Falsifications du Lait de Beurre.

Eau...................	97*	Eau et fécule............	11*

Falsifications de Médicaments et Remèdes secrets.

Racine de grenadier (fausse)....	1	Laudanum de Rousseau......	3*
Feuil. de ciguë (Chærophyllum temul.)	1	Laudanum de Sydenham.....	3*
Feuilles de séné (Redoulis).....	1	Sirop antiscorbutique.......	6*
Feuilles de ciguë (Caucalis daucoïdes)	3	Tablettes de calomel........	2*
Ergot de seigle et noix vomique.	1	Sel Alembroth............	1*
Lycopode et talc de Venise....	1	Lait battu et amidon des céréal.	1
— et fécule de pom. de ter.	3	Oxyde rouge de mercure.....	1*
— et amidon des céréales.	4	Pilules d'extrait d'opium......	1*
Amidon des cér. et féc. de p. de t.	5	Iodure de potassium.	1*
— et terre de pipe.	3*	Kermès................	2*

5

NATURE DU MÉLANGE FRAUDULEUX.	NOMBRE de falsifications.	NATURE DU MÉLANGE FRAUDULEUX.	NOMBRE de falsifications.

Toxicologie, etc.

Empoisonnem^t par la jusquiame.	1	Tentative d'avortement.......	1
— la noix vomique....	1	— d'asphyxie..,.....	1 *
— le kermès........	1*	Fabrication de fausses monnaies	7 *
— le phosphore.......	5*	— de bronze..,.....	1 *
— le sulfure arsénié...	1*	Oblitérations de timbres-poste..	2 *
— l'acide chlorhydrique	1*	Destr. de tissus par l'acide sulfur.	1 *

Médecine légale.

Attentats à la pudeur.........	16	Tentatives d'assassinat.......	1 *
Assassinats................	2	Homicides par imprudence....	3 *

Expertises médicales, au point de vue du diagnostic.

Zoospermes dans les urines....	23	Sang dans les crachats.......	9
— dans les kyst. des cord. test.	6	Corps étrangers dans les urines.	3
Pus dans les urines.........	9	Acide urique.............	38
Cancer dans les matières vomies.	3	Oxalate de chaux..........	9
— dans les tumeurs......	27	Urate d'ammoniaque........	23
— dans les urines........	2	Phosphate ammoniaco-magnés.	30
Tumeurs fibro-plastiques......	9	Végétations cryptogamiques...	4
Épithéliums et membrane proli-		Inosite dans les urines.......	1 *
fique des tubes urinifères....	4	Glycose dans les urines......	7 *
Tuberc. dans les os, tum., crach.	26	Albumine dans les urines.....	17 *
Sang dans les urines.........	17	Sucre de canne? dans les urines.	1 *

D'après cette Table, que nous donnons comme sincère, l'on peut voir que le nombre de problèmes résolus durant une période de sept années, s'est élevé à 1210, et que, sur ce nombre, 177 incombaient entièrement à la chimie, 328 à la densimétrie aidée de la chimie, et 795 à l'histoire naturelle aidée du microscope et des moyens purement mécaniques.

Or, nous le demandons, l'histoire naturelle et les exercices microscopiques sont-ils cultivés en raison des services qu'ils peuvent rendre ?

www.ingramcontent.com/pod-product-compliance
Lightning Source LLC
Chambersburg PA
CBHW060457210326
41520CB00015B/3994